地球不能没有狮子

林育真 / 著

山东教育出版社

威风凛凛出场了

瞧！号称百兽之王的雄狮走来了，它丰厚的鬃毛、强壮的体魄、犀利的眼神和锋利的牙齿，无不彰显着王者气质。

我是雄狮，我怕谁？

家族与分布

每种动物都有自己的老家（原产地）。那么，狮子的老家在哪里呢？目前全世界的狮子共有两个族群，其中较大的族群的老家在非洲，另一个族群较小，分布在南亚印度。

亚洲狮分布在南亚印度，又叫波斯狮。野生亚洲狮生活在森林地带，体形比非洲狮小。左图为印度吉尔国家公园的亚洲狮。

现在我们能见到的狮子，几乎都产自非洲热带稀树草原地带，也就是我们通常说的非洲狮。

你听说过美洲狮吗？它其实并不是狮子，而是另一种大型猫科动物，生活在中美洲和南美洲的森林中。它的体形近似老虎，身上的斑纹像豹子，因此人们又叫它美洲豹。

亚洲狮在古时候叫作“狻猊”，很早就从印度和伊朗传入我国。古人被这种威猛野兽的王者气质吸引和征服，石狮子和铜狮子也因此成为中国传统建筑物中常见的装饰物。右图为工艺精美的故宫铜狮，有护国镇邦的祥瑞寓意。

狮子分布图

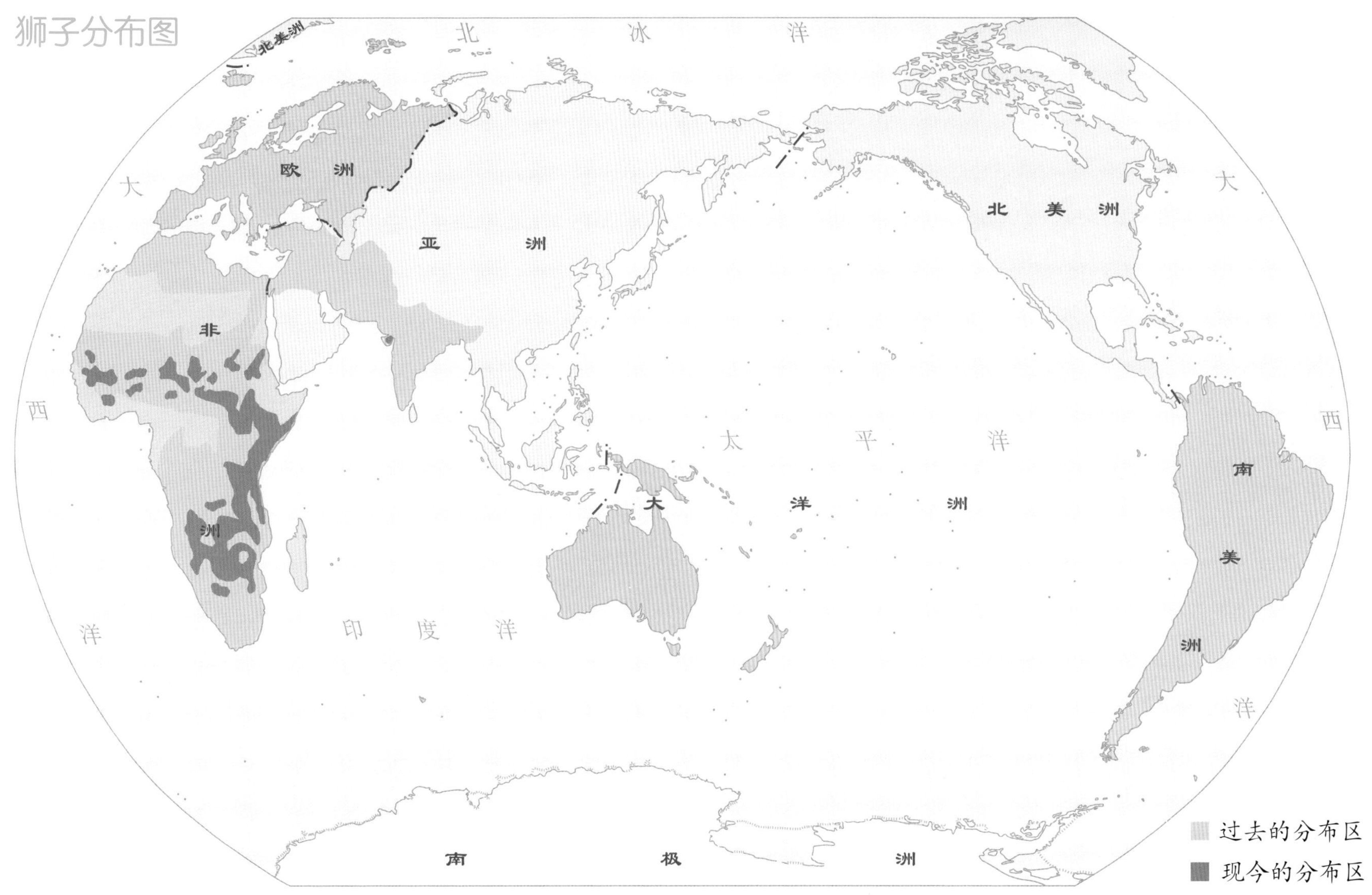

由狮子分布图可见，非洲、西亚和南亚等区域都曾有过野生狮子，分布区域大而广。可惜野生亚洲狮目前濒临灭绝，仅有少数生存在印度吉尔地区。

身体是这样的

狮子是地球上现存体重最大的猫科动物，是当之无愧的“超级大猫”。成年非洲雄狮体长可达 3.2 米（含尾巴长度），体重可达 240 千克。这样的大块头还有着尖牙和利爪，成为令人闻风丧胆的顶级掠食动物。

雌狮“河东狮吼”的威力令人心惊胆寒。

猫科动物

猫科动物包括狮、虎、豹三猛兽，以及猎豹亚科、猫亚科和豹亚科等共 38 种动物，主要为大中型的掠食兽类。它们通常具有尖牙利齿，善于攀爬跳跃。

小疣猪比猫咪大得多，可和狮子一比只是个小不点儿。

耳朵：又短又圆，听觉灵敏。

眼睛：长在头的两侧，视野宽广，几乎能看到身体后面的情景。

触须：在夜间活动时，探测周边环境的感受器。

舌头：舌面上生有倒刺，可以像利刀一样刮取骨头上残留的肉。

犬齿

门齿

裂齿

尖牙利齿是猫科动物的特征之一，狮子也不例外。它们的上下颌共有 4 颗犬齿、12 颗门齿、12 或 14 颗裂齿，全都十分锐利，能完美胜任咬穿、撕裂、切割等一系列动作。

成年雄狮和雌狮的外貌明显不同，这让我们可以轻易地分辨出它们的性别。成年雄狮的头部周围有一圈又长又密的鬃毛，显得十分威武，雌狮则没有。狮子是地球上唯一一种“雌雄两态”的猫科动物。

雌雄两态

指同种动物的雌性与雄性个体在外形上存在明显的差异，如狮子、长臂猿等。

雄狮的鬃毛从头颈部延伸到肩部和胸部，终生不脱落，这是雄狮最醒目的标志。不同的成年雄狮鬃毛的长短和色泽有差别。鬃毛的颜色有淡棕、深棕和黑色等。科学家认为，雄狮的年龄越大，鬃毛的颜色会越深。

雄性幼狮还没长出鬃毛，性别较难分辨。

与老虎、豹子和猫等其他猫科动物相比，狮子的头特别大，尤其是雄狮。另外，狮子的尾巴末端有一丛球状毛，看起来像个小绒球，这也是其他猫科动物没有的。

狮子尾巴的长度只有其体长的三分之二，而老虎的尾巴几乎和身体一样长。

你看出狮子、老虎和猫的尾巴有什么不同了吗？

狮子的骨骼系统

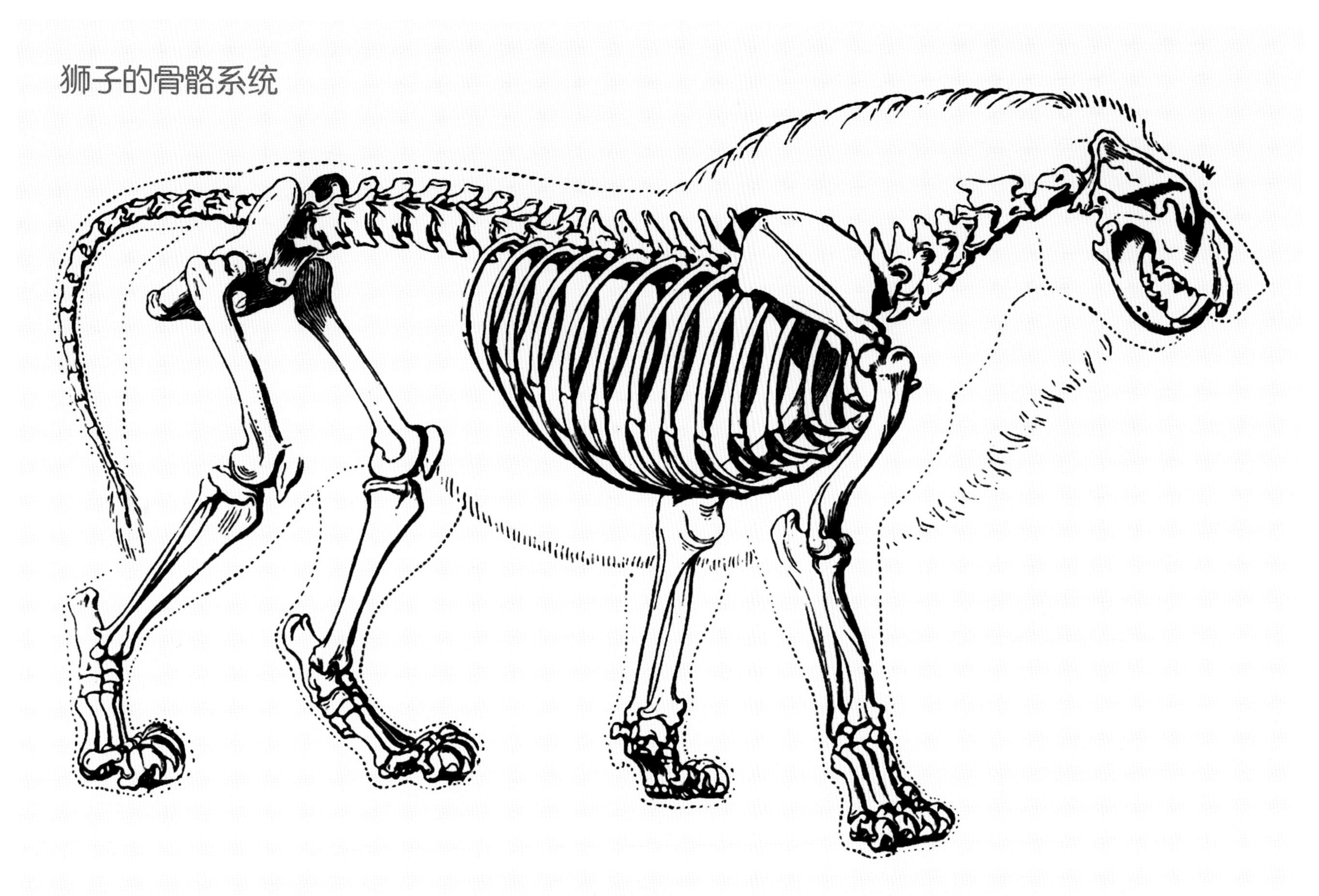

狮子在走路和休息时，会收缩起利爪以免磨坏。只有狩猎时，狮子才会冲猎物伸出利爪。

狮子前足有 5 个脚趾，后足有 4 个脚趾，脚趾上有锋利的爪子。它们和猫咪一样，足底长有黑色的肉垫，走起路来悄无声息，夜间捕猎时可谓来无影，去无踪。

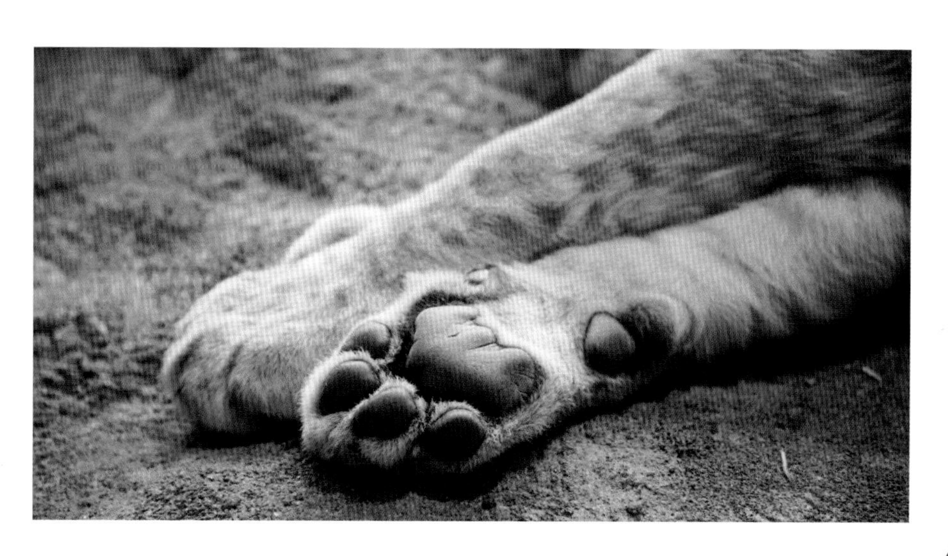

天生的狩猎高手

广袤辽阔的非洲大草原，养育着数以百万计的食草动物，如羚羊、斑马、野水牛、长颈鹿和河马等。这些食草动物是狮子、鬣狗等食肉动物赖以生存的食物。目前尚有2万多头非洲狮生活在非洲。在这片野性的土地上，随时随地上演着捕食者和被捕食者之间的生存竞争。

斑马是狮子最爱的“口粮”之一。

黑斑羚是狮子经常猎捕的目标。

野水牛高大有力，狡猾的狮子会想办法偷袭幼小的野水牛。

长期的生存竞争，促使狮子练就高超的捕猎技巧，也迫使食草动物进化出了一系列对抗捕食者的结构和本领。它们有的力大无比，有的长着大大的犄角和坚硬的四蹄，有的奔跑速度极快，能将狮子远远甩在身后。

利用地形和草丛的掩护，狮子捕获了一头病弱的斑马。

雄性野水牛身强体壮，牛角厚实锐利。每当狮子来了，它们就聚集在一起，抵御强敌。公牛在前方列队抵挡，保护着群中的母牛和小牛，狮子只得无奈走开。

狮群协同作战，故意在野水牛群中横冲直撞，终于成功地使一头水牛脱离了群体，孤立无援。紧接着，两头雌狮同心协力扑倒了它。

与独来独往的老虎相反，狮子是群居动物。狮群一般由十几头狮子组成，也有七八头的小狮群和二十几头的大狮群。狮群无论大小，都由一头强壮的雄狮担任首领。

烈日炎炎，一个非洲狮群躲在阴凉下休息。

狮王白天躺在草丛里养精蓄锐，晚上精神抖擞地四处巡查领地。

狮群通常是家族群，群众成员包括老少亲缘紧密的几头雌狮、至少一头成年雄狮和一些未成年狮子及幼狮。雄狮首领强健的遗传基因可以保障狮群后代的健康。成年雌狮是狮群主要的捕食力量。

这群成年雌狮看似在休息，其实正在察看猎物的动向，“谋划”怎样猎取一顿大餐。

狮群捕猎时有勇有谋，分工协作，优先选择年老体弱、落单或麻痹大意的目标进行追捕。它们还善于隐蔽埋伏、突袭围堵，因此能够成功捕杀大型猎物。在非洲热带稀树草原，凶猛的狮子位列捕食食物链的顶层。

食物链

在生物群落中，各种生物之间由于吃和被吃而形成的联系，叫作食物链。

成群的长颈鹿可不好惹，狮群如果贸然进攻，有被它们踢得腿断腰折的危险。而落单的长颈鹿若被饥饿的群狮盯上就危险了。

几只幼狮也学会了埋伏、包围小羚羊。

草食动物

小型肉食动物

顶级肉食动物

中型肉食动物

绿色植物

捕食食物链

狮王争霸

狮群首领的任务很重，既要统管全群老幼，又担负着抵御外来入侵者、保护狮群及领地安全的责任。狮王的“王位”是靠实力打拼来的。

吃饱肚子的狮王一天可以睡20个小时。快看，现在它醒来了！

巡视领地是狮王的重要任务之一，守住领地也就保住了自己的“王位”。狮王用怒吼声震慑其他动物，声音可传到10千米之外的地方。

同一狮群中所有的雌狮和幼狮，都归狮王统领。

狮群等级分明。雌狮捕到猎物后，要先让狮王饱餐一顿。

辛苦捕获的牛羚幼崽个头太小不够分，雌狮只能眼睁睁地看着狮王独霸劳动果实。

狮王的王位不是终生的，一旦狮王年老或受伤，不能战胜外来的强健雄狮，它的首领位置就很有可能丢失。原首领一旦战败，只得负伤远走。而狮群则在新首领的统领下，继续生活。

一头外来雄狮争地盘来了！一场你死我活的“王位”争夺战开始了。

这头外来雄狮打了胜仗，成为新狮王并接管了狮群，包括狮群中所有的雌狮和幼狮。这对幼狮来说，无疑是场灾难。新狮王为了让群中所有的成年雌狮生养的后代都延续自己的基因，常会无情地咬死前任狮王还在吃奶的幼崽。

狮子妈妈察觉到新狮王对幼狮不怀好意，出于保护孩子的本能，它奋起抗争，但往往力不从心……

右图中两只成年雄狮并肩同行的情景实属罕见，原来它们是亲兄弟。在狮群里，雄狮长到三岁，就会被狮王赶出家门。这对狮子兄弟离群后结伴生活，协作捕食，日后还有可能通过合力打拼，争得一个首领的位置。

养育宝宝

狮子是恒温动物，在一年中的任何季节都能生育后代。狮群中受孕时间相近的雌狮会产下年龄相仿的幼狮，狮子妈妈们会友善地互相关心和共同照管幼狮。母狮的孕期为 100–119 天，每次生 1–6 只幼崽。

刚出生的幼狮身上带有浅棕色的斑点，腹部和腿上最多，半岁后逐渐消失。

大草原上危机四伏，两位狮子妈妈一起照管着三只幼狮，等待外出捕食的其他雌狮带回食物。

干旱季节，草木干枯，猎物稀少。狮群中的雌狮必须全体出动去寻找猎物，狮子妈妈只得把幼狮藏在灌木丛中。幼狮只能眼巴巴地等妈妈回来。

凶猛的雌狮却对幼崽温柔细心，呵护有加。狮子幼崽如同小猫一样脆弱，随时可能死于饥饿、天敌和狮群之间的争斗。

狮子的天敌

你或许认为“百兽之王”狮子天下无敌，但事实并非如此。狮子和其他动物一样，也有大大小小的天敌。其中体形较小、相貌凶恶的斑鬣狗历来是狮子的死对头。有时几头雌狮刚费尽力气捕获了一头猎物，嗅觉灵敏的斑鬣狗群就会过来围抢。

斑鬣狗是非洲第二大肉食兽，颌骨和牙齿力量极为强大，甚至能咬碎骨头，吃到里面的骨髓。其下颌特别有劲，能叼着近百千克的腐尸奔跑上百米。

依靠数量优势，斑鬣狗群敢于抢夺狮子的猎物。狮群尽管东挡西扑，却也奈何不了这群穷凶极恶的抢劫者。

有时狮群遇到斑鬣狗捕获的猎物，也会抢过来吃。斑鬣狗此时也无计可施，毕竟被狮子咬一口就可能丧命。

“巨无霸”河马的咬合力惊人，狮群需费尽全力才能成功将其制服。两吨多重的超级大餐足够狮群饱餐几天，可狮子们没想到这大餐还没好好享用就被数量占优势的斑鬣狗群抢去了。

秃鹫是非洲草原上最大的食腐猛禽，具有极其灵敏的嗅觉，可以说哪里有死尸腐肉，哪里就有秃鹫。它们会连飞带蹦地围着尸肉撕扯叼啄。狮子也奈何不了这伙飞行的“强盗”。

秃鹫的头部和上颈部光秃秃的，没有羽毛，这一特点是它们名字的由来。光裸的头颈部便于它们掏食腐尸内脏。

一群秃鹫抢吃狮子的猎物。同样爱吃腐肉的秃鹳也来凑热闹！

毒蛇也会对狮子造成威胁。狮子一旦不幸被眼镜蛇咬到，蛇毒会使狮子呼吸困难，全身无力而无法觅食，又饿又渴，还会不停地流口水。至少七天以后，狮子才会慢慢康复。

狮子既爱吃新鲜的猎物，也不嫌弃腐烂尸肉，因此，它们难免遭受寄生虫、细菌和病毒的侵害。有些狮子的脸上爬满寄生虫；患了结核病的狮子连到水塘喝水的力气都没有；另外有英国学者统计，数以万计的非洲狮死于猫科艾滋病。

人类与狮子

狮子可以被饲养和驯服，几乎全世界的动物园里都能看到它们的身影，它们也是马戏团里最耀眼的明星。

狮子是有灵性的动物，自幼被驯养的狮子能够和养狮人建立亲密的友谊。

小朋友隔着玻璃幕墙，轻轻地抚摸这只漂亮的“超级大猫”。

南非国家公园的一头年轻狮子，会配合驯兽师摆姿势照相。

由于栖息地缩小、生活环境遭到破坏以及人类的猎杀，狮子的数量在急剧减少。狮子的 8 个族群中，开普狮和巴巴里狮已经灭绝。世界自然保护联盟已经把亚洲狮列入濒危物种，把非洲狮列入易危物种。

再凶猛的狮子也不敌人类的枪弹。一头南非狮王惨遭猎人枪杀，引起公愤。

狮子的生存依赖众多草食兽，而草食兽的繁盛依赖广阔丰茂的大草原。科学家指出：保护狮子首先必须保护其栖息环境和食物资源，同时防止传染病在狮子家族中的蔓延，这样才能让威猛矫健的狮子在地球上继续生存下去！

很高兴认识你们！这套《地球不能没有动物》系列科普书是我专门为小朋友创作的“科”字当头的动物科普书，尽力融科学性、知识性和趣味性为一体。

读完这本书，希望你至少记住以下科学知识点：

1. 狮子是百兽之王，它感官发达，牙尖齿利，凶猛剽悍。

2. 狮子是群体捕猎的掠食性动物，居于捕食食物链的顶端。在捕猎方面它们可是专家。

3. 在非洲大草原上，捕食者（狮子）和被捕食者（大型草食兽）长期演绎着彼此的生存竞争和自然的生态平衡。

保护狮子我们应该知道的和应该做的：

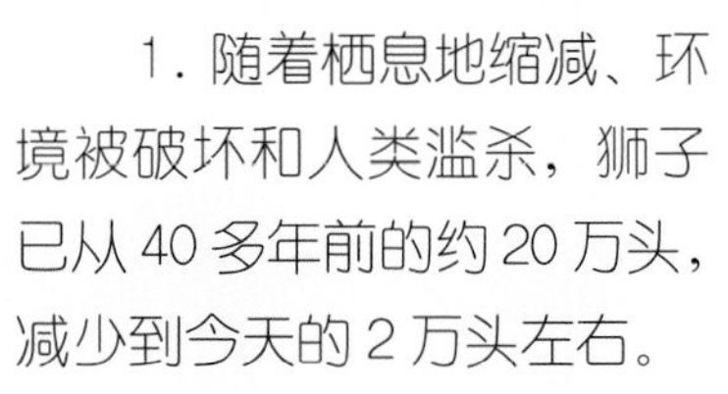

1. 随着栖息地缩减、环境被破坏和人类滥杀，狮子已从 40 多年前的约 20 万头，减少到今天的 2 万头左右。

2. “狮子种群恢复基金会”成立，在全球范围开展名为“守护骄傲”的活动，力争到 2050 年使非洲狮的数量增加一倍。

3. 了解狮子的生存现状，支持保护和振兴狮子种群的正义行为，坚决抵制任何猎杀和虐待行为。

图书在版编目（CIP）数据

地球不能没有狮子 / 林育真著. —济南：山东教育出版社，2020.7
（地球不能没有动物）
ISBN 978-7-5701-1039-1

Ⅰ. ①地… Ⅱ. ①林… Ⅲ. ①狮－普及读物
Ⅳ. ① Q959.838-49

中国版本图书馆 CIP 数据核字（2020）第 057665 号

责任编辑：周易之　顾思嘉
责任校对：赵一玮
装帧设计：儿童洁　东道书艺图文设计部
内文插图：郭　潇　李　勇

地球不能没有狮子
DIQIU BU NENG MEIYOU SHIZI
林育真　著
主管单位：山东出版传媒股份有限公司
出 版 人：刘东杰
出版发行：山东教育出版社
地　　址：济南市纬一路321号　　邮编：250001
电　　话：（0531）82092660
网　　址：www.sjs.com.cn
印　　刷：山东临沂新华印刷物流集团有限责任公司
版　　次：2020年7月第1版
印　　次：2020年7月第1次印刷
开　　本：889mm × 1194mm　1/12
印　　张：3
印　　数：1-8000
字　　数：30千
定　　价：25.00元
审 图 号：GS（2020）3302号
（如印装质量有问题，请与印刷厂联系调换。）
印厂电话：0539-2925659